SOCIÉTÉ ROYALE ET CENTRALE
D'AGRICULTURE.

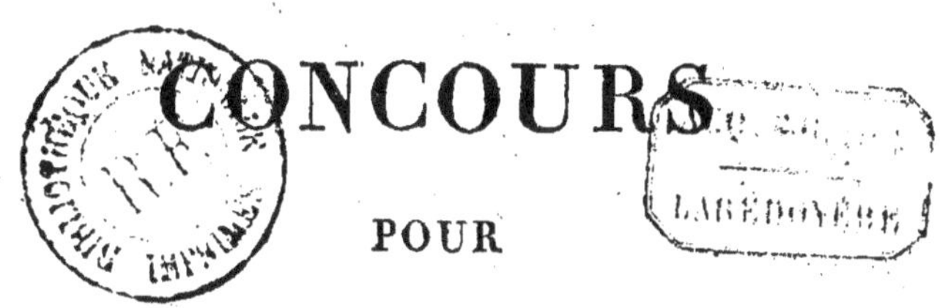

CONCOURS
POUR
LES MACHINES HYDRAULIQUES
APPROPRIÉES AUX USAGES
DE L'AGRICULTURE
ET AUX BESOINS DES ARTS ÉCONOMIQUES.

A PARIS,
De l'Imprimerie et dans la Librairie de Madame HUZARD
(née VALLAT LA CHAPELLE), rue de l'Éperon, N°. 7.

MARS 1818.

CONCOURS

POUR

LES MACHINES HYDRAULIQUES

APPROPRIÉES AUX USAGES

DE L'AGRICULTURE

ET AUX BESOINS DES ARTS ÉCONOMIQUES (1).

1°. *Rapport fait à la Société, dans sa séance publique du 13 avril 1817; par une commission composée de MM.* Challan, de Chassiron, de Lasteyrie, Yvart, de Perthius, *rapporteur.*

La publication du programme de ce concours remonte à l'année 1808. Vous deviez en décerner les prix dans votre séance publique de 1810, savoir : un de 3,000 francs à l'auteur de la meilleure machine destinée à élever l'eau des

(1) Extrait du volume des *Mémoires de la Société royale et centrale d'Agriculture*, pour l'année 1817.

puits de profondeur moyenne, c'est-à-dire de 10 à 20 mètres; un autre prix de 2,000 francs à l'auteur de la meilleure machine propre à élever les eaux stagnantes des bas fonds ou des étangs; un troisième de 1,000 francs à l'auteur de la meilleure machine qui pourrait élever l'eau d'un courant au-dessus des bords de son lit; et enfin des encouragemens aux concurrens qui vous auraient envoyé des modèles ou des plans bien exacts de machines hydrauliques remarquables par la simplicité de leur construction et l'économie de leur usage.

Mais l'état constant de guerre, dans lequel s'est trouvée l'Europe depuis 1808 jusqu'à la restauration de la France, avait nui singulièrement au succès de cet important concours, et vous avez été obligés de le proroger successivement jusqu'à cette année.

Les grands événemens de 1813 et 1814, qui avaient en quelque sorte absorbé tous les intérêts et toutes les pensées, et la catastrophe si désastreuse de 1815, ne nous permettaient pas d'espérer un meilleur succès en 1817.

Cependant nous avons la satisfaction de vous annoncer que si les machines envoyées au concours ne sont pas nombreuses, elles se font toutes remarquer, soit par une application plus ou moins ingénieuse de moyens déjà connus, soit par des perfectionnemens qui leur procurent des avantages sur leurs analogues, soit enfin par la bonté de leur exécution.

Les machines qui ont été soumises à l'examen de la Société sont au nombre de cinq.

La première a été présentée par M. *Dalmas*, et expérimentée dans la salle même de vos séances ordinaires. C'est une *bascule hydraulique* très-bien exécutée, et du genre de celle décrite dans la théorie des machines simples de M. *Hachette*, sous le nom de *seaux mus par l'eau d'une source.*

Son auteur l'a retirée du concours pour obtenir un brevet d'invention.

La deuxième machine est de M. *Soller*, docteur-médecin de la ville d'Altkirck, département du Haut-Rhin, et est désignée par lui sous le nom de machine *aéro-hydraulique*. C'est le *siphon* ordinaire des tonneliers, auquel il a ajouté, dans son point le plus élevé, un petit tube en verre avec une soupape mobile, par laquelle peut s'échapper l'air qui, en se dégageant de l'eau, s'accumule dans cette partie, et y arrête fréquemment le mouvement de l'eau dans le siphon, lorsqu'on n'a pas la précaution de le faire évacuer.

Votre Commission, en rendant justice au zèle et aux bonnes intentions de M. *Soller*, n'a pas cru devoir admettre son siphon au concours, d'abord parce que son usage exigeant une chûte de 2 à 4 pieds, ou une différence égale de niveau entre la surface de l'eau à déplacer et celle du terrain sur lequel elle doit être répandue, ce n'est point une machine destinée à élever des eaux stagnantes ou courantes; en second lieu, que les siphons de grandes dimensions sont employés depuis long-temps dans les épuisemens et dans la construction des canaux de navigation : il en a été exécuté en maçonnerie, en 1776 et 1778, au canal de Languedoc, près de Capestan et de Ventenal; et l'on voit, dans l'ouvrage déjà cité de M. *Hachette*, le siphon que M. *Lebrun*, officier au corps royal du génie, a fait exécuter avec beaucoup de succès à Metz pour des épuisemens, siphon avec lequel celui de M. *Soller* a singulièrement de ressemblance.

La troisième de ces machines, est celle que vous nous avez chargés d'examiner particulièrement, sur l'invitation de S. Exc. le ministre de l'intérieur; c'est une *noria* perfectionnée par feu M. *Milon*, conseiller au Châtelet de Paris, et qu'il a fait établir, il y a plus de trente-six ans, sur le puits de sa maison, à Vitry-sur-Seine, où elle est encore en pleine activité.

Sur le rapport particulier que nous avons eu l'honneur de vous faire à son sujet, vous avez déclaré que jusqu'à présent cette machine vous paraissait la meilleure que l'on puisse employer pour élever l'eau des puits d'une grande profondeur, et vous avez arrêté que la connaissance en serait propagée par la voie de l'impression.

Elle se trouve hors du concours, parce que son auteur n'existe plus; mais nous avons dû la rappeler ici, parce que, sous les rapports réunis de sa dépense, de son produit et de la facilité de sa manœuvre, elle doit nous servir de point de comparaison avec les deux autres machines que nous allons vous faire connaître.

L'une est de M. *Doudier*, chirurgien de première classe à Pesmes, département de la Haute-Saône. Il la nomme *cœur hydraulique*, par analogie avec la circulation du sang dans le cœur humain, qui lui a donné l'idée de sa composition en 1785, ainsi qu'il offre d'en justifier.

M. *Doudier* avait présenté sa machine au Gouvernement de 1793, qui lui en avait demandé un modèle. Mais il ne put répondre à cette invitation, faute d'ouvriers assez intelligens pour l'exécuter à son gré.

Il paraît avoir été plus heureux depuis; car le cœur hydraulique qu'il vient d'envoyer nous a paru très-bien exécuté dans ses différentes parties.

Il est fâcheux pour nous que son auteur ne sache pas la langue des mécaniciens, et que, pour expliquer les détails de construction et le jeu de cette machine, il ait employé un grand nombre de termes d'anatomie qui rendent son mémoire assez obscur.

Quoi qu'il en soit, le cœur hydraulique est composé :

1°. D'un cylindre de 16 pouces de diamètre sur 10 pouces de longueur, en métal. Ce cylindre est tronqué, dans sa partie supérieure, au tiers de sa circonférence.

2°. D'un axe qui traverse le centre du cylindre, ainsi que ses parois latérales, et sur lequel est solidement fixée une lame de métal suffisamment épaisse pour sa destination de *compresseur*.

3°. De ce *compresseur*, qui a pour longueur le rayon du cylindre et pour largeur la longueur même de ce cylindre, en sorte que, dans son mouvement de rotation, il en remplit exactement la capacité, comme un piston dans son corps de pompe.

4°. Des *ailes* du cœur dont la base est fixée sur les bords du cylindre, à sa partie tronquée, et dont les extrémités supérieures le sont à un *plancher* ou diaphragme.

Le tout formant, avec le cylindre, un seul et même corps au moyen de la communication donnée par sa partie tronquée.

5°. D'une cloison qui sépare l'espace contenu entre les ailes et même celui formé dans le cylindre jusqu'à la hauteur de l'axe, en deux parties égales, qui n'ont plus alors entre elles aucune communication à cause de la disposition du compresseur.

Cette cloison en métal est fixée, par le bas dans les parois latérales du cylindre et jointivement à l'axe, et par le haut au diaphragme dont nous venons de parler.

6°. D'un récipient hémisphérique ou chapiteau dont la base est le diaphragme, et qui est terminé par l'*aorte* ou tuyau d'ascension.

Chaque côté des ailes contient deux soupapes, que l'auteur appelle des valvules *tricuspides* ou aspirantes, et ensuite *valvules cordiaques* ou plutôt *cardiaques*, et le diaphragme est garni de quatre autres soupapes appelées *valvules aortiques.*

Elles sont placées deux à deux sur le diaphragme et laissent passer l'eau de chaque case des ailes dans le chapiteau, lorsqu'elle y est refoulée par le compresseur.

Le tout est solidement attaché et fixé dans une caisse en bois, de la hauteur de celle du diaphragme, et doit être plongé et maintenu dans un réservoir continuellement entretenu d'eau à ce niveau, ou dans un cours d'eau de la même profondeur.

Dans cette position et avant d'avoir fait mouvoir le compresseur, les valvules cardiaques sont ouvertes de suite par la pression de l'eau environnante, et cette eau vient remplir aussitôt les deux cases du cylindre et de ses ailes.

En imprimant ensuite au compresseur un mouvement de droite à gauche, jusques auprès de la partie tronquée du cylindre, il soulève nécessairement toute l'eau contenue dans la case gauche ; sa compression fait fermer les valvules cardiaques de cette case et lever celles dites aortiques qui y correspondent, et force cette eau à s'élever dans le chapiteau.

Enfin, en donnant au compresseur un mouvement rétrograde, les valvules aortiques de la case gauche se ferment et empêchent l'eau élevée dans le chapiteau de retomber dans cette case; ses valvules cardiaques s'ouvrent pour donner passage à l'eau de ce côté et y remplacer celle déjà élevée; les valvules cardiaques de la case droite se ferment et les aortiques correspondantes s'ouvrent pour recevoir dans le récipient l'eau que le compresseur refoule d'abord et élève ensuite en parcourant successivement la circonférence intérieure du cylindre, et ainsi de suite.

Ce mouvement de va et vient lui est imprimé au moyen d'un balancier dont l'appareil et la disposition sont connus.

On voit que cette machine ingénieuse doit être placée dans la classe des pompes foulantes.

Il paraît que sa construction a beaucoup de ressemblance avec celle des pompes en usage depuis quelque temps sur les vaisseaux de S. M. Britannique, dont il vient d'arriver un modèle au Conservatoire des arts et métiers.

Nous croirions être injustes envers M. *Doudier*, si nous élevions le moindre doute sur son droit particulier à l'invention du cœur hydraulique, et ce qui peut en confirmer la légitimité, ce sont des imperfections de détail qui n'existent probablement pas dans la pompe anglaise, et qui, sans rien ôter au mérite de son invention, doivent influer sur la durée de son jeu.

Par exemple, les valvules cardiaques sont grandes et renversées; leurs supports, que l'auteur appelle des modérateurs, n'ont d'autre appui que des boulons fixés dans les parois latérales des ailes, et par cette disposition les valvules doivent se déjeter aisément.

D'un autre côté, l'eau du réservoir ou du courant entre de suite et sans intermédiaire jusque sur le compresseur, et doit nécessairement amener avec elle le gravier et les petites pierres dont elle peut être chargée. Ces matières, si nuisibles dans les pompes ordinaires, deviendront ici des obstacles directs au jeu du compresseur; car la plus petite pierre, déposée au fond du cylindre, suffira pour arrêter la course de son compresseur.

Ces divers inconvéniens pourront sans doute être corrigés ou au moins diminués par l'auteur, et nous le désirons d'autant plus que le grand produit du cœur hydraulique, comparé avec ses analogues, lui donne sur eux un très-grand avantage.

En effet il est admis en précepte que, dans

les machines ordinaires, le produit utile de la force d'un homme n'est que de 111 kilogrammes, c'est-à-dire qu'étant employé à une pompe ordinaire un homme ne pourrait donner en une minute que 111 kilogrammes d'eau élevée à un mètre de hauteur.

Et dans l'expérience que M. *Molard* a faite devant nous de la machine de M. *Doudier*, qui était plongée dans le réservoir du puits du jardin du Conservatoire des arts et métiers, nous avons trouvé qu'en une minute on avait élevé 223 kilogrammes 13 décagrammes d'eau à la hauteur de 2 mètres 60 centimètres, ce qui revient à 580 kilogrammes 14 décagrammes par minute, et à un mètre de hauteur.

Ce produit trop faible, peut-être, à cause du mauvais état du réservoir qu'on n'a pu étancher suffisamment, n'approche pas à beaucoup près de celui que l'auteur attribue à sa machine et qu'il porte, par minute, à 550 kilogrammes d'eau élevée à 2 mètres 60 centimètres, ce qui reviendrait, pour le même temps, à 1,430 kilogrammes d'eau à la hauteur d'un mètre ; produit presque double de celui de la noria de Vitry que nous avons trouvé être de 720 kilogrammes.

Mais si le produit que nous venons d'assigner

au cœur hydraulique de M. *Doudier* est plus faible qu'il ne devrait être, nous croyons, jusqu'à preuve contraire, celui de M. *Doudier* beaucoup exagéré, d'autant que son exactitude n'est constatée par aucun certificat authentique.

La construction de cette machine doit être assez dispendieuse, si nous en jugeons par la quantité de pièces en métal dont elle est composée, et par le soin avec lequel elles ont été travaillées ; objet très-important que son auteur a passé sous silence.

Il la croit bonne à employer dans un grand nombre de cas, et cependant nous avons tous pensé qu'elle ne pourrait l'être avec avantage dans aucun de ceux où il serait question d'élever l'eau à une certaine hauteur ; mais aussi nous l'avons jugée très-propre pour des irrigations temporaires, à cause de la facilité avec laquelle on peut la transporter et de son grand produit relatif, et aussi parce que son emploi n'exige aucune construction préparatoire, et qu'il suffit de la maintenir verticalement dans le cours d'eau avec quelques pieux ou de gros piquets.

D'ailleurs M. *Doudier* n'a pas encore appliqué sa machine aux besoins de l'agriculture, et elle n'est, pour ainsi dire, encore qu'en projet; mais si l'omission de cette condition principale, imposée aux concurrens, nous empêche de prononcer définitivement sur ses avantages, nous pensons néanmoins que son auteur mérite un témoignage authentique de votre estime.

La dernière machine dont nous avons à vous entretenir est une *pompe à double effet* et *à jet continu*, procuré par le jeu d'un piston plein. Elle est de l'invention de M. *Arnollet*, ingénieur des ponts et chaussées dans le département de la Côte-d'Or.

Avant d'entrer dans le détail de la construction et du produit de cette machine, nous devons rappeler ici les avantages et les inconvéniens reconnus des pompes, telles qu'on les construit jusqu'à présent.

Leurs avantages se réduisent à élever les eaux à de grandes hauteurs et à pouvoir les transmettre à de grandes distances sans occuper dans le trajet un grand emplacement.

Leurs inconvéniens consistent : 1o. dans le haut prix de leur construction ;

2o. Dans les frais souvent considérables de leur entretien annuel qui exige presque toujours la main d'un fontainier, que l'on trouve rarement à sa proximité dans les campagnes ;

3o. Dans le peu d'effet qu'elles produisent relativement à la force qu'il faut leur appliquer.

on sait que la meilleure pompe utilise à peine le dixième de cette force, et que la machine de Marly ne donnait pas le quarantième du produit résultant de son calcul théorique.

Une perte de force aussi considérable y est due, 1°. à l'interruption qu'éprouve le mouvement de la colonne d'eau à chaque oscillation du piston, soit dans la pompe simplement aspirante ou foulante, soit qu'elle réunisse les deux effets. Cette interruption oblige à rendre, à chaque coup de piston, à la colonne d'eau une nouvelle force vive, et conséquemment à vaincre un nouveau frottement; d'où il résulte une résistance qui est peut-être vingt fois plus grande dans les momens de repos que dans le mouvement continu; 2°. au volume d'air qui s'introduit ordinairement sous le piston, de manière qu'une très-grande partie de sa course est alors employée à comprimer cette portion d'air avant d'exercer son action sur l'eau; 3°. à la contraction de l'eau dans le passage des soupapes et à la décomposition de force résultant de la disposition des moteurs.

M. *Arnollet*, dans un mémoire très-clair et très-concis; prouve qu'il connaît très-bien tous les défauts des pompes ordinaires, et s'il n'a pu parvenir à les surmonter tous dans la pompe qu'il présente au concours, nous aimons à convenir qu'il a eu le talent d'en faire disparaître un très-grand nombre, autant que les ressources de l'art et celles de son imagination ont pu le lui permettre.

Nous allons essayer de justifier cette opinion.

Le corps de cette pompe se compose : 1°. d'une pièce inférieure ou réservoir de fond divisée en deux parties par une cloison pleine, qui empêche ces deux parties d'avoir entre elles aucune communication directe.

2°. D'un diaphragme inférieur qui recouvre la pièce de fond et qui est garni de quatre soupapes, dont deux, renversées du côté de la case droite de ce fond, la font communiquer avec le cylindre dans lequel joue le piston, et les deux placées en dedans de ce cylindre établissent sa communication avec la case gauche.

Ce diaphragme inférieur contient aussi dans le pourtour intérieur du cylindre extérieur, dont il sera question ci-après, des ouvertures par lesquelles les deux cases du fond communiquent avec les espaces vides de ce dernier cylindre.

3°. De deux cylindres concentriques, dont celui du centre contient le piston et dont la zone cylindrique de l'extérieur doit avoir pour largeur le diamètre du piston.

Cette zone est divisée en deux parties égales, dont chacune correspond à l'une des cases de la pièce de fond.

4°. D'un diaphragme supérieur absolument pareil au premier et garni d'un même nombre de soupapes, avec cette différence que les deux soupapes renversées se trouvent sur la gauche du piston.

5°. D'un chapeau établi sur le diaphragme supérieur, auquel est adapté d'un côté le tuyau d'aspiration et de l'autre le tuyau de chasse ou d'ascension.

Ce chapeau est divisé, comme la pièce de fond, en deux cases, par une cloison qui a dans le milieu une sur-épaisseur percée pour laisser passer la tige du piston. Dans le même chapeau et dans la partie supérieure de sa cloison est une petite boîte de cuivre, surmontée d'un petit bassin, qui reste plein d'eau pour empêcher l'air de s'introduire le long du piston, lors même que cette tige ne serait pas serrée par les cuirs.

Enfin, les cases de ce chapeau sont plus élevées que les ouvertures des tuyaux d'aspiration et d'ascension, pour former dans cette partie supérieure deux réservoirs d'air ; l'un, d'air dilaté pour l'aspiration, et l'autre, d'air comprimé pour le refoulement.

Dans cette disposition des pièces qui composent la pompe de M. *Arnollet*, on voit que son intérieur est divisé en deux parties continues qui, sans avoir entre elles aucune communication, communiquent cependant avec le cylindre du piston par leurs soupapes respectives, et forment autour de lui deux chambres, l'une d'*aspiration* et l'autre de *refoulement*.

Le jeu de cette pompe est facile à concevoir. Lorsque le piston descend, les soupapes renversées du diaphragme supérieur s'ouvrent et laissent tomber sur le piston l'eau du tuyau d'aspiration.

Pendant ce mouvement, les soupapes renversées du diaphragme inférieur s'ouvrent également pour laisser passer l'eau qui était sous le piston et qui est alors forcée de remonter par la chambre de refoulement dans la case correspondante du chapeau, et de s'élever dans le tuyau d'ascension.

Le piston venant ensuite à remonter, les quatre soupapes renversées se ferment; les soupapes simples du diaphragme supérieur s'ouvrent pour laisser sortir l'eau qui était sur le piston et qui entre aussitôt dans le tuyau d'ascension.

Pendant ce temps, les soupapes simples du

diaphragme inférieur s'ouvrent également, et l'eau contenue dans la chambre d'aspiration est forcée de suivre le piston sous lequel le vide est parfait, ce qui maintient le mouvement dans le tuyau d'aspiration.

Enfin, les deux réservoirs d'air, ménagés dans les parties supérieures du chapeau et qui correspondent au tuyau d'aspiration et d'ascension, paraissent devoir y assurer la continuité du mouvement.

Celui du piston lui est imprimé par un balancier de forme plus ou moins compliquée, suivant le diamètre du piston ou plutôt suivant l'effet plus ou moins grand qu'il doit produire et le nombre d'hommes qu'on est obligé d'y employer, dans tous les cas, pour procurer au piston une vitesse de 50 à 60 centimètres par seconde, qui paraît être ici la plus favorable.

Dans les pompes de petite dimension, l'auteur emploie des balanciers à levier courbe ou des manivelles à cœur, qu'il a su disposer de manière à ce qu'il n'y ait aucune décomposition de force.

Si nous avons réussi à bien expliquer la disposition des différentes pièces qui constituent cette ingénieuse machine, on pensera avec nous que son auteur a effectivement réussi à éviter les pertes de force résultant de l'interruption du mouvement de la colonne d'eau à chaque oscillation du piston, et de la décomposition occasionnée par la mauvaise disposition des moteurs; qu'il est également parvenu à diminuer, autant que possible, celle due au volume d'air qui s'introduit ordinairement sous le piston; car, lorsque l'eau est arrivée dans le chapeau, la plus grande portion de l'air qu'elle a amené dans ce mouvement ascensionnel se dégage bientôt et va remplir le réservoir d'air de cette case, la plus petite, seule, peut arriver jusque sous le piston, et le peu de vitesse qu'on lui donne ici en atténue le dégagement. On jugera enfin, qu'il ne lui resterait plus, pour faire de sa pompe une machine parfaite, sous ce rapport, qu'à prévenir les pertes de force que l'on est encore obligé d'éprouver à cause de la contraction inévitable de l'eau à son passage dans les soupapes.

Il paraît encore que M. *Arnollet* n'a point négligé les perfectionnemens dont les tuyaux de conduite pouvaient être susceptibles. On sait que, lorsque l'on est obligé de leur faire faire des coudes, il faut les fondre avec les angles qu'ils doivent avoir, et que la réunion de ces coudes avec les tuyaux droits joint toujours assez mal pour y occasionner des pertes d'eau.

Notre auteur propose de remédier à cet inconvénient en terminant les tuyaux de conduite en forme de cuiller à pot qui se prête beaucoup mieux à tous les angles et à toutes les inflexions du terrain. Cette terminaison doit avoir un diamètre double de celui de la section ordinaire du tuyau, afin d'y éviter la contraction de l'eau.

Mais il ne nous appartient pas de prononcer définitivement sur le mérite de cette invention sous le rapport de l'art, et nous laissons aux savans mécaniciens de l'Académie royale des Sciences à confirmer ou à détruire l'opinion favorable que nous en avons conçue.

Nous allons donc achever de vous la faire connaître sous celui de son produit effectif et de sa dépense.

La pompe que M. *Arnollet* a soumise à nos expériences est la première qu'il ait fait exécuter, et il nous a fait observer qu'elle n'était pas dans les proportions que l'expérience lui a indiquées depuis, comme étant les meilleures.

Le diamètre de son piston est de 9 pouces $\frac{1}{2}$, et la longueur de sa course dans son cylindre de 6 pouces.

La largeur de la zone cylindrique extérieure n'a que 14 pouces au lieu de 19.

Elle a été expérimentée deux fois devant nous, à Chaillot, sur les réservoirs supérieurs de la Pompe à feu.

Dans la première expérience, le mouvement de *va et vient* a été imprimé au piston par un balancier à deux leviers droits, apposés et attachés à la tige du piston par leur petit bout; balancier disposé de manière à éviter toute décomposition de force des moteurs, et que son auteur emploie pour produire les grands effets.

Le bassin à remplir contenait 222 pieds 9 pouces cubes, et le dégorgeoir du tuyau d'ascension était élevé à 10 pieds au-dessus du niveau de l'eau du réservoir dans lequel le tuyau d'aspiration était plongé.

En ayant égard à quelques dérangemens dans la pompe, et particulièrement à la rupture de la charnière de l'une des soupapes, nous avons jugé que quatre hommes appliqués aux leviers du balancier avaient pu remplir le bassin en quinze minutes, ou élever, à cette hauteur de 10 pieds, 222 pieds 9 pouces cubes d'eau pendant le même temps; en une minute ils en ont donc élevé 14 pieds 10 pouces cubes ou 519 kilogrammes 19 décagrammes pesant, à la même hauteur, et conséquemment 1,730 kilogrammes

56 décagrammes en une minute à la hauteur d'un mètre : quantité dans laquelle chaque homme ne figure que pour un quart ou 432 kilogrammes 64 décagrammes.

Dans la deuxième expérience, le mouvement du piston lui a été imprimé au moyen d'une manivelle à cœur aidée d'un volant.

Le dégorgeoir du tuyau d'ascension était élevé à 10 pieds 11 pouces au-dessus du niveau de l'eau du réservoir où était plongé le tuyau d'aspiration.

Quatre hommes appliqués à la manivelle ont mis dix-huit minutes à remplir le bassin ou à élever à cette hauteur 222 pieds 9 pouces cubes d'eau ; d'où il résulte définitivement que les quatre hommes auraient élevé en une minute 1,575 kilogrammes d'eau à la hauteur d'un mètre, et que chacun d'eux y aurait contribué pour 393 kilogrammes 75 décagrammes d'eau.

Ce produit est plus faible que dans la première expérience, et cette différence paraît devoir être attribuée à celle du moteur et à une vitesse moindre imprimée au piston.

En admettant donc, pour l'expression du produit effectif de cette pompe, 432 kilogrammes 64 décagrammes, on voit qu'il est inférieur à celui de la noria de Vitry qui est de 725 kilogrammes ; mais aussi le produit de la pompe de M. *Arnollet* est encore plus de quatre fois plus grand que le produit effectif de la force d'un homme dans le mouvement des machines ordinaires, et que nous avons déjà dit être de 111 kilogrammes.

La dépense de sa construction est fixée par son auteur aux prix ci-après.

Prix des machines à double effet, y compris le mouvement soit de rotation, soit de balancier courbe, en raison de leur produit et en supposant la vitesse du piston de 20 centimètres par seconde.

Pour un hectolitre par minute et au-dessous.	300 francs.
Pour deux.	500
Pour trois.	650
Pour cinq.	850
Pour sept.	1,000
Et pour dix ou un mètre cube.	1,200

La dépense des tuyaux d'aspiration et d'ascension n'est point comprise dans ces prix.

Quant aux frais de l'entretien annuel de cette pompe, il paraît, d'après le certificat qui en a été donné par MM. les administrateurs de l'hôpital d'Auxonne, que depuis deux ans que la pompe de M. *Arnollet* y est en activité elle n'a éprouvé aucuns dérangemens, et même qu'on n'a pas été obligé d'y toucher du tout.

Ces frais seraient donc infiniment moindres que pour les pompes ordinaires, mais l'entretien des soupapes et celui des joints des tuyaux en exigeront nécessairement par la suite, et alors on éprouverait encore dans la campagne l'inconvénient d'y être éloigné d'un fontainier pour les réparations.

Nous avons donc conclu de ces rapprochemens : 1°. que la pompe de M. *Arnollet*, sous les rapports réunis de la dépense d'établissement, des frais d'entretien et du produit effectif, est incontestablement à préférer à toutes les pompes connues jusqu'à présent ; 2°. que sous celui du produit elle est inférieure à la noria de Vitry ; 3°. qu'elle est, il est vrai, d'une construction un peu moins dispendieuse, mais que cet avantage, qui n'est que pour le premier établissement, paraît plus que compensé par l'obligation d'employer plusieurs hommes à sa manœuvre dans les pompes d'un grand diamètre, tandis que la noria n'exige jamais que la force ordinaire d'un homme.

Nous avons d'ailleurs été d'avis que, dans son état actuel, la pompe de M. *Arnollet* ne pouvait pas être employée avec autant d'avantages que la noria de M. *Milon*, pour l'élévation de l'eau des puits d'une grande profondeur, tant à cause de la différence de leurs produits effectifs, que par la nécessité de placer cette pompe au fond du puits, tandis que sa manœuvre serait établie au-dessus; ce qui peut avoir de grands inconvéniens, auxquels M. *Arnollet* parviendra sans doute à remédier.

Mais si dans ce cas sa pompe ne peut entrer en concurrence avec la noria de Vitry, elle nous a paru mériter, jusqu'à présent, la préférence sur elle et sur toutes les autres machines connues pour élever l'eau des puits de peu de profondeur, pour les irrigations temporaires et dans les desséchemens, et devoir remplacer avec de grands avantages le système actuel des pompes à incendies.

En effet, le produit de cette machine, dans ses petites dimensions, est plus que suffisant pour satisfaire à tous les besoins d'un grand établissement.

Le certificat déjà cité de MM. les administrateurs de l'hôpital d'Auxonne porte: *Qu'avec cette pompe un homme fait en un quart d'heure le même travail que l'on n'obtenait avant qu'avec cinq hommes.*

Le prix de son établissement ne dépasse pas les facultés d'un ménage un peu aisé.

Un autre avantage qui lui est particulier et qui sera apprécié par tous les chefs de maison, est celui de pouvoir placer cette pompe à une certaine distance du puits dont elle doit élever l'eau, et même, avec un peu de dépense, de pouvoir en procurer à tous les étages d'une maison sans avoir besoin de ces réservoirs supérieurs dont la construction et l'entretien sont si dispendieux.

A l'hôpital d'Auxonne, le puits est dans une cour, isolé et éloigné de 20 mètres du bâtiment dans lequel on a placé la pompe; le tuyau d'aspiration sort de celle-ci à travers le mur et se prolonge par la cour jusque dans le puits où il est plongé.

D'un autre côté, elle peut être aisément transportée par-tout où son usage serait utile, sans exiger autre chose pour sa manœuvre que l'établissement d'un plancher volant; ce qui la rend très-propre aux irrigations temporaires et aux épuisemens dans les dessèchemens.

Déjà employée à cette dernière destination, elle a complétement rempli son but, ainsi qu'il résulte des certificats qui en ont été délivrés à son auteur par M. *Didier*, ingénieur en chef des ponts et chaussées du département de la Côte-d'Or, et par M. *Ch. Forey*, ingénieur en chef du canal de Bourgogne dans le même département.

Enfin, avec un seul corps de pompe, cette machine produit un jet continu comme les pompes à incendie actuelles; elle peut donc les remplacer avec d'autant plus d'avantages que la modicité de son prix en mettrait l'acquisition à la portée des facultés des communes les plus pauvres, où elle pourrait remédier au fléau si désastreux des incendies. Puisse ce vœu être promptement rempli!

Par tous ces motifs, nous avons jugé que M. *Arnollet*, auteur de cette pompe, ayant d'ailleurs rempli toutes les conditions du programme, méritait l'un des prix de ce concours.

En terminant son article nous devons vous prévenir que son intention est, par l'obtention d'un brevêt d'invention, de conserver la propriété des procédés qui constituent le caractère distinctif de sa pompe, et de traiter, pour le privilége de son exécution, avec un établissement capable de lui donner toute la perfection dont elle est susceptible, et sous la condition expresse de ne pas excéder les prix de son tarif.

En résumé, nous avons l'honneur de vous proposer :

1°. De décerner à M. *Arnollet*, auteur de la pompe à double effet et à jet continu qu'il a présentée au concours, le deuxième prix de 2,000 francs.

2°. De propager la connaissance de cette ingénieuse machine par la voie de l'impression et de la gravure.

3°. De mentionner honorablement le *cœur hydraulique* de M. *Doudier*, et de décerner à son auteur une médaille d'or, à titre d'encouragement, en l'invitant à donner à sa machine les perfectionnemens dont elle paraît susceptible.

4°. De proroger le premier prix du concours de 3000 francs et le troisième de 1000 francs à l'année 1820.

2°. *Notice sur une* Noria *perfectionnée par feu M.* Milon, *conseiller au Châtelet de Paris; et établie à Vitry-sur-Seine, dans les jardins de sa maison, appartenante aujourd'hui à M.* Germond (1).

Cette noria a été placée, par son auteur, sur le puits de ses jardins, à 3 mètres environ de hauteur au-dessus de la margelle. Elle y est soutenue par un assemblage de charpente, surmonté d'un toit qui recouvre la machine, son plancher, l'escalier du plancher, et un réservoir supérieur dans lequel se rend toute l'eau que la machine élève.

Cette eau est ensuite distribuée, suivant les besoins, par des tuyaux de conduite, dans les bassins des jardins et dans la maison.

Ces différentes destinations ont dû nécessairement augmenter les dépenses d'établissement de cette machine, et lui donner en quelque sorte l'apparence d'une fabrique de luxe; mais en la dépouillant de ses recherches superflues, la Société royale et centrale d'Agriculture a reconnu, dans la noria de Vitry, une machine hydraulique bien préférable à toutes celles jusqu'à présent employées à élever l'eau des puits d'une grande profondeur, sous les rapports réunis de son produit, de la bonté de sa construction, et de la facilité de sa manœuvre, même sous celui du prix de son établissement, qui n'excéderait pas alors les facultés ordinaires d'un ménage un peu aisé, et des dépenses de son entretien.

Par ces motifs, la Société a jugé qu'il serait très-utile de retirer cette machine de l'obscurité où elle se trouvait comme cachée à Vitry, pour la faire connaître aux propriétaires qui seraient dans le cas d'en faire usage, et aux mécaniciens qui voudraient se charger d'en fournir aux habitans des campagnes.

La planche qui accompagne cette notice donne tous les détails de construction de la noria de M. *Milon*.

La *fig.* 1re. en présente le plan; la 2e. en offre l'élévation; la 3e. est un profil pris sur le milieu du tambour pour montrer la disposition des cuvettes, la position de leurs dégorgeoirs et le jeu de la chaîne double qui embrasse le tambour; la 4e. donne la composition d'un des chaînons de cette chaîne et la manière dont les pots y sont attachés.

a, Pièce de fer tournant sur son axe *a,* et contenue dans son mouvement par un quart de cercle aussi en fer; elle sert à arrêter la machine à volonté. Dans la position qu'on lui a donnée *fig.* 1, la noria est en repos; et dans celle de la *fig.* 2, elle est en mouvement.

b, Arbre ou axe en fer commun à la roue *r* et au tambour *t,* renflé dans l'épaisseur du tambour comme on le voit au profil *fig.* 3, et supporté *fig.* 1 par des coussinets *e, e,* dans lesquels il tourne, et qui sont solidement fixés sur les supports *n, n.*

c, c, c, fig. 3, Cuvettes du tambour. Elles sont formées, sur les côtés, par les lames de cuivre qui doublent intérieurement les plateaux de ce tambour, et, dans leur développement, par d'autres lames de cuivre appliquées sur les cloisons de sa carcasse et soudées avec les premières. Elles ont 7 pouces ½ de profondeur du côté du dégorgeoir *d'*, et 5 pouces ½ seulement au côté opposé; ou une pente de 2 pouces dans leur fond qui facilite l'évacuation de l'eau à mesure que les pots se vident, et qui est ici procurée par un renflement de l'axe.

L'évasement de ces cuvettes est d'un pied, et leur largeur de 9 pouces ½.

d, fig. 1, Axe en fer de la manivelle portant une lanterne *l*, et sa manivelle du côté de la roue *r*, et à son autre extrémité un volant *v, v*, en fonte de fer. Cet axe est supporté par des coussinets *f, f*, dans lesquels il tourne, et qui sont solidement fixés sur les supports *n, n*.

d', d', d', fig. 3, Dégorgeoirs des cuvettes ayant 3 pouces de diamètre intérieur et 2 pouces à l'extrémité de leurs ajutages extérieurs, qui sont disposés et fixés autour de l'axe du tambour.

e, e, Coussinets de l'axe du tambour.

f, f, Coussinets de l'axe de la manivelle.

g', *g'*, *g'*, *fig.* 1 et 3, Chaîne double sans fin en cuivre. Elle est composée de chaînons d'un pied de longueur, 4 lignes d'épaisseur, 9 lignes de largeur dans la longueur, et 1 pouce 5 lignes à leurs extrémités où se trouvent les articulations qui les unissent, et les traverses de 5 lignes de diamètre qui les maintiennent.

h, *h*, Lame de cuivre de forme hexagone, comme le tambour dont elle fait partie, et à l'armature duquel elle est fixée par des goujons parallèlement au plateau, à 2 pouces $\frac{1}{2}$ de distance du côté des ajutages des cuvettes. Son diamètre est un peu plus grand que celui du tambour. Elle sert à rompre le jet de l'eau à sa sortie des ajutages des cuvettes, pour qu'elle retombe dans l'auget inférieur sans aucune perte.

l, Lanterne en fer de 4 pouces $\frac{1}{2}$ de diamètre, garnie de neuf fuseaux en acier, qui engrène la roue *r* et donne le mouvement au tambour.

m, Manivelle de la lanterne *l*.

n, *n*, Chapeaux en bois de l'assemblage de charpente, qui supportent la machine, et sur lesquels sont fixés les coussinets *e*, *e* et *f*, *f*.

o q, Auget qui reçoit l'eau des cuvettes du tambour et la transmet de suite au réservoir *s*. Cet auget fait avance au-dessous du tambour afin d'éviter des pertes d'eau.

p, Pots en grès fixés, *fig.* 4, par leur base à la traverse inférieure du chaînon au moyen d'un fil de fer ou de laiton de force convenable, et maintenus de la même manière, à leur gorge supérieure, aux branches des chaînons.

r, Roue d'engrenage en fonte de fer, de 3 pieds de diamètre, et garnie de quatre-vingt-quatre dents. Elle a même axe que le tambour et lui communique le mouvement qu'elle reçoit de son engrenage avec la lanterne *l*.

s, Réservoir.

t, Tambour hexagone de 2 pieds de diamètre ou d'un pied de côtés. Ses plateaux sont composés d'une carcasse ou armature en fer dont les rayons solidement fixés à l'axe, sont unis à leur extrémité par des traverses aussi en fer.

D'autres traverses, placées aux angles des plateaux, en lient fortement les armatures ; des lames de cuivre appliquées intérieurement sur l'armature de chaque plateau avec laquelle elles sont soudées, et qui y sont maintenues par des attaches à l'extrémité des rayons et sur leur longueur, complètent, avec les cuvettes *c*, *c*, *c*, et les lames *x*, *fig.* 3, qui recouvrent les angles du tambour, la construction de ce tambour.

u, Attaches extérieures des plateaux du tambour.

v, v, Volant en fonte de fer, de 2 pieds 4 pouces de rayon, et du poids de 70 kilogr., qui facilite le jeu de la machine, et rend son mouvement plus uniforme.

x, fig. 3, Lame de cuivre de 18 lignes de largeur, fixée sur la traverse de chaque angle du tambour, et faisant saillie sur chaque cuvette.

Le jeu de cette machine est facile à comprendre. En tournant la manivelle on fait circuler la chaîne ainsi que les pots qui y sont attachés; ceux-ci puisent successivement l'eau au fond du puits, viennent la verser dans les cuvettes, d'où elle tombe dans l'auge, et se rend ensuite dans le réservoir.

Le produit de la noria de Vitry a été constaté par les commissaires de la Société royale. Il résulte de leur rapport, qu'en imprimant à sa manivelle une vitesse de 45 tours par minute, un homme de force ordinaire, a mis *cinq minutes* à élever 240 kilogr. d'eau, à la hauteur de 20 mètres.

Mais comme cette vitesse est trop grande pour que l'ouvrier puisse en supporter long-temps la fatigue, il convient de réduire le produit à celui que l'on obtiendrait avec une vitesse de 34 tours seulement par minute; vitesse que l'expérience a constaté pouvoir être soutenue par l'ouvrier, pendant une journée ordinaire, ou dix heures de travail avec les repos accoutumés, sans qu'il en soit excédé.

Cette réduction, faite dans le rapport de 45 à 34, ne donnerait plus que 181^{kil}33 d'eau, pour produit réel de la machine, en cinq minutes, et à la même hauteur de 20 mètres.

Ainsi, en une heure elle procurerait à cette hauteur, 2175$^{\text{kil.}}$96 d'eau, et 21760$^{\text{kil.}}$ en une journée de travail; quantité qui est au produit que l'on aurait pu obtenir dans le même cas, avec une bonne pompe, dans le rapport de $2\frac{267}{1000}$ à 1.

Ce grand avantage de la noria perfectionnée par feu M. *Milon*, paraît devoir être attribué à la disposition judicieuse des pièces sur lesquelles le moteur agit alors de la manière la plus favorable à l'emploi de sa force; à la forme hexagone du tambour, qui a donné la facilité de placer dans son intérieur les cuvettes dans lesquelles les pots viennent se vider successivement; à la construction particulière de la chaîne double et sans fin qui embrasse le tambour, et dont les chaînons, de même longueur que ses côtés, s'appliquent successivement, exactement et sans la moindre secousse, sur chacun des côtés de l'hexagone, au moyen des articulations qui unissent les chaînons; enfin à la position de l'auget, qui ne laisse pas perdre une goutte de l'eau qu'il reçoit des cuvettes.

Et si l'on peut contester à son auteur l'honneur de cette ingénieuse invention, il serait injuste de lui refuser celui d'avoir été le premier à en faire une aussi heureuse application.

Le prix de cette machine n'excède pas les facultés ordinaires d'un ménage un peu aisé.

A Paris, où la main-d'œuvre est très-chère, son établissement sur un puits de même profondeur que celui de Vitry, ne coûterait guère que 1200 à 1400 francs, et 900 à 1000 francs au plus dans les départemens.

Il serait d'ailleurs possible d'économiser sur cette dépense, même en procurant à la machine une manœuvre encore plus facile, et de la mettre ainsi encore plus à la portée des facultés ordinaires des propriétaires.

1°. Le tambour avec ses cuvettes pourrait, sans aucun inconvénient, être en fonte douce de fer, et d'un seul morceau; étant ainsi fabriqué, il coûterait beaucoup moins cher. En admettant pour poids de cette pièce, 100 kilogr., y compris son axe; à Paris, elle coûterait 120 fr., à 1 franc 20 centimes le kilogr.; et dans les fonderies des départemens on pourrait l'obtenir à 68 centimes le kilogr.

2°. Le volant de la manivelle, pesant 70 kilogr., n'a pas besoin d'être en fonte douce. On le ferait payer à Paris 80 centimes le kilogr., et seulement 40 centimes dans les départemens.

3°. La chaîne en cuivre devrait être préférée à celle en fer, bien qu'elle coûte le double, parce qu'une fois établie, elle n'a besoin d'aucun entretien, tandis que le fer s'oxide promptement par les alternatives de sécheresse et d'humidité, et qu'il exige alors des réparations et des remplacemens de temps à autre. Mais à cet entretien près, la chaîne en fer, avec articulations en cuivre, remplit aussi bien son objet que lorsqu'elle est toute en cuivre.

4°. La roue d'engrenage, au lieu d'être en fonte de fer, comme à Vitry, pourrait être construite en bois comme les rouets des moulins; mais le pignon serait toujours en fer.

Les roues d'engrenage en fonte de fer sont exposées à casser dans leur engrenage avec les fuseaux de la lanterne, lorsque leurs dents contiennent des pailles, et cet accident est plus commun qu'on ne pourrait le croire; dans ce cas, il faut absolument remplacer la roue en totalité; et si l'on est éloigné des fonderies, on est alors exposé à être privé d'eau jusqu'à ce que le remplacement ait été effectué. La roue en bois n'aurait pas ce grave inconvénient; elle durerait beaucoup moins long-temps, il est vrai; mais à l'avantage de coûter moins cher, elle réunirait celui de pouvoir toujours trouver sur les lieux un charpentier pour la réparer au besoin.

5°. Le diamètre de cette roue doit être relatif à la profondeur du puits, ainsi que cela se pratique de temps immémorial en Égypte, qui paraît avoir été le berceau des noria, en Afrique et en Espagne. A Vitry, le diamètre de 3 pieds, qu'on a donné à cette roue, est regardé par le jardinier, qui la manœuvre depuis très-long-temps, comme étant un peu trop faible pour la profondeur du puits; et il pense, avec raison, que si ce diamètre avait seulement 6 pouces de plus, une femme pourrait aisément faire tout le service du puits.

Le rapport entre le nombre de ses dents et celui des fuseaux de la lanterne devrait être comme 12 à 1; sauf une dent de plus ou une dent de moins à donner à la roue, suivant les cas, pour que les mêmes dents ne se trouvent pas toujours engrenées par les mêmes fuseaux, ainsi qu'on en a reconnu le désavantage dans la pratique.

En admettant cette proportion, on aura plus

de facilité à reconnaître et à régulariser la vitesse de trente-quatre tours par minute qu'on doit procurer à la manivelle, pour ne pas excéder les forces de l'ouvrier qui la tourne.

En effet, le diamètre du tambour hexagone étant fixé à 2 pieds, sans égard à la profondeur du puits, et le nombre des fuseaux de la lanterne étant le douzième de celui des dents de la roue, on voit que deux tours de la manivelle feront vider un des pots; et en observant le nombre des pots qui ont été vidés dans un temps donné, on en déduira facilement la vitesse imprimée à la manivelle.

6o. Les axes de la manivelle et du tambour devraient rouler sur des galets de friction, qui augmenteraient la dépense de leurs coussinets; mais on en serait dédommagé par une grande diminution dans les frottemens de la machine, d'où résulterait une augmentation proportionnelle dans la force dynamique de l'ouvrier. Mêmes observations que ci-dessus, à faire sur la dépense de ces différens objets.

A l'égard du prix de la chaîne double et de celui des pots en grès, ils sont essentiellement variables, parce qu'ils dépendent de la profondeur du puits, c'est-à-dire de la longueur qu'il faudra donner à cette chaîne, et du nombre et de la capacité des pots qu'elle devra contenir.

Si le puits a environ 50 pieds de profondeur, chaque chaînon devant être d'un pied, sa chaîne exigera au moins cent vingt chaînons, qui coûteront à Paris 3 francs 25 centimes, en fer, avec articulations en cuivre, et 6 francs 50 centimes, tout en cuivre. Il en faudra en outre quelques-uns de rechange, pour pouvoir allonger la chaîne lorsque l'eau du puits vient à baisser pendant les sécheresses de l'année, ou après avoir été puisée pendant quelque temps; et à cet effet il faut aussi se ménager la facilité de pouvoir démonter quelques-unes de ses articulations.

Dans l'usage ordinaire, on place un pot sur chaque chaînon, et sa capacité se calcule d'après le poids de l'eau que l'homme, appliqué à la manivelle, peut élever à-la-fois sans en être excédé, et que l'expérience a fixé à 120 kilogr. Et comme, dans cette machine, il n'y a jamais de pleins à-la-fois que les pots de la colonne ascendante, on trouve la capacité que chacun d'eux doit avoir, en divisant 120 kilogr. par le nombre de ces derniers pots, c'est-à-dire par la moitié de celui dont toute la chaîne est garnie.

A Vitry, la chaîne de 120 pieds de longueur contient 120 pots, dont la moitié est 60. Le quotient de la division de 120 kilogr. par 60, ou 2 kilogrammes, est la capacité de chacun de ces pots.

En en commandant une certaine quantité, ils ne reviendraient au plus, en grès, qu'à 50 centimes pièce, et en terre ordinaire, à 30.

Telle est cette noria que la Société royale d'Agriculture recommande avec confiance, comme un modèle à suivre, à tous ceux qui seraient dans le cas d'en faire usage pour élever l'eau des puits d'une grande profondeur.

3°. *Explication de la Planche qui représente la pompe à double effet de M.* Arnollet.

Les *figures* 1 et 2 représentent les plan et élévation du corps de pompe, avec un double balancier horizontal pour communiquer le mouvement au piston, et des ajutages à joints mobiles auxquels s'adaptent les tuyaux d'aspiration et de chasse; le tout établi sur une espèce de brouette à deux roues, de manière à pouvoir se transporter à volonté le long d'une rivière ou bassin quelconque, ou à côté d'un puits de profondeur médiocre, pour en enlever les eaux, et à pouvoir également servir de pompe à incendie.

La *fig.* 3 représente la coupe du corps de

pompe prise dans le sens perpendiculaire à celui de l'élévation.

La *fig.* 4 représente isolément le plan de la pièce désignée par la lettre A, qui forme la partie inférieure de la machine. Une traverse O que l'on voit en coupe à la *fig.* 3, divise intérieurement cette partie A en deux cases qui, pendant l'action de la machine, n'ont pas de communication entre elles.

La *fig.* 5 représente le plan d'un diaphragme BB, que l'on voit également dans les *fig.* 1 et 3, tant au-dessus de la pièce A qu'au-dessus du double cylindre CC, dont le plan séparé est représenté (*fig.* 6). Ces diaphragmes contiennent trois ouvertures désignées par la lettre S, correspondantes à l'espace qui forme une demi-zone cylindrique, désignée par la même lettre S dans les *fig.* 3 et 6, et trois autres ouvertures pareilles désignées par S′, correspondantes à la demi-zone cylindre S′, *fig.* 3 et 6.

Ces diaphragmes ont, en outre, quatre ouvertures circulaires fermées par des clapets : deux marquées V, V, *fig.* 3 et 5, portent les clapets du côté de l'intérieur du cylindre, et s'ouvrent pour y faire entrer l'eau; les deux autres V′V′, portent les clapets extérieurement, et s'ouvrent pour laisser sortir l'eau.

La *fig.* 7 représente, vue par-dessous, la pièce DD qui forme le chapeau de la machine, et s'applique sur le diaphragme supérieur BB. Ce chapeau DD est, de même que la pièce de fond A, divisé en deux cases par une traverse N, laquelle a dans son milieu un renflement percé pour laisser passer la tige GH du piston G (*fig.* 3).

A l'aide des ouvertures S et S′ pratiquées dans les diaphragmes BB, la réunion de ces différentes pièces forme deux cases IST, I′S′T′; la première, par laquelle l'eau entre dans la machine, à l'aide d'un tuyau adapté à l'ouverture R, et la deuxième, par où l'eau s'écoule dans le tuyau adapté en R, après avoir passé dans le cylindre intérieur.

Dans la *fig.* 3, le piston G est représenté au milieu de sa course : supposons qu'il vienne à descendre, et que le cylindre soit plein d'eau; le vide formé dans la partie supérieure fait ouvrir le clapet renversé V, et aspire l'eau du tuyau qui communique à l'ouverture R, et qui suit la direction RNV. Dans le même temps, l'eau qui était soutenue sous le piston est refoulée par l'ouverture V′ du diaphragme inférieur, dont le clapet renversé est forcé de s'ouvrir, et cette eau suit la direction V′T′R′S′ pour entrer dans le tuyau de chasse adapté en R′.

Lorsque le piston vient ensuite à remonter, le vide s'opère par-dessous, le clapet V du diaphragme inférieur s'ouvre, et l'eau aspirée entre sous le piston en suivant la ligne RST.V; pendant ce temps, l'eau qui était entrée dans le cylindre dans le mouvement précédent, est refoulée par l'ouverture V', et passe dans le tuyau de chasse suivant la direction V'R'.

De cette manière, l'eau entre toujours par l'ouverture R et sort toujours par l'ouverture R', soit que le piston monte, soit qu'il descende; il y a seulement stagnation alternativement dans l'espace ST et dans l'espace T'S'.

Il y aurait cependant encore, si le piston seul agissait sur l'eau, un moment d'arrêt dans l'instant de transition du mouvement de ce piston, de bas en haut, et de haut en bas; pour obvier à cet inconvénient, qui détruirait le plus grand avantage qu'on a eu pour but dans la construction de cette machine, on a exhaussé le chapeau DD au-dessus des ouvertures RR', de manière à former deux cavités, I et I', dans lesquelles l'eau ne circule pas. On voit que, par le jeu de la machine, l'air contenu dans la première doit se dilater, et que, par sa force élastique, il soutient le mouvement de la colonne d'eau aspirée dans le petit instant d'inaction du piston ; cette colonne, en vertu de la force vive dont elle est animée, continue de couler, et emplit dans cet instant une partie de la cavité NI, d'où elle est retirée aussitôt par la nouvelle aspiration du piston. Un effet analogue a lieu dans la cavité V'I' ; l'air, au lieu d'y être dilaté, s'y trouve comprimé, et, par l'effet de son ressort, entretient le mouvement de la colonne de chasse dans l'instant d'inaction du piston. Si la hauteur du refoulement doit être considérable, on remplacera l'air absorbé au moyen d'une petite ouverture pratiquée dans la chambre d'aspiration ; et, dans le cas où la machine devrait être établie à demeure, on y suppléerait par un autre moyen facile, de manière à entretenir toujours le mouvement parfaitement continu dans les tuyaux.

Il est à remarquer qu'en introduisant de l'air par le haut de la chambre d'aspiration, cet air n'arrive jamais sous le piston ; que celui qui est aspiré est chassé en totalité au premier mouvement du piston montant, et que cette machine opérerait le vide parfait, si elle agissait sur de l'eau qui ne contiendrait point d'air en dissolution.

Le chapeau DD (*fig.* 2) forme, dans sa partie supérieure, une espèce de cuvette KK, qui est destinée à recevoir de l'eau pour couvrir la boîte à cuirs qui empêche que l'air ne s'introduise le long de la tige du piston; en ayant l'attention de tenir cette cuvette pleine, on peut ne serrer que très-faiblement la garniture contre la tige du piston, de manière que cette tige n'éprouve presque aucune résistance par le frottement.

La *fig.* 8 représente une coupe des trois pièces séparées, qui forment les ajutages à joints mobiles RZ, R'Z', représentés en plan dans deux positions différentes à la *fig.* 1, et qui peuvent servir également pour recevoir le tuyau de chasse et le tuyau d'aspiration; les extrémités R et R' tournent dans l'entrée du corps de pompe; le collet étant serré par une bride détachée, la pièce Z tourne sur la pièce R, à laquelle elle se trouve solidement fixée au moyen d'un anneau intermédiaire, ainsi qu'il est figuré entre les deux pièces, et d'un boulon qui traverse le tout, et que l'on peut serrer plus ou moins, selon que l'on veut avoir de facilité pour le mouvement. Les tuyaux adaptés à ces pièces Z et Z', peuvent ainsi aller chercher et porter l'eau dans toutes les directions possibles, et à telle distance que l'on voudra; cet assemblage remplace les cols de cygne en usage dans les pompes à incendie, dont l'exécution serait plus difficile et dispendieuse, sur-tout pour des tuyaux d'un diamètre un peu considérable.

On pourra employer plusieurs joints de cette nature, lorsqu'une conduite d'aspiration ou de refoulement devra suivre les ondulations du terrain, ou sera exposée à éprouver quelques mouvemens.

La traverse YXY, *fig.* 1 et 2, est une bande de fer assujettie sur le chapeau en XX par des boulons sans tête, qui sont fixés, à l'aide de goupilles, dans l'épaisseur du bord de la cuvette disposé à cet effet. Cette bande est coudée pour pouvoir joindre au fond de la cuvette, et serrer la garniture dans la boîte à cuirs; les extrémités de cette bande sont ouvertes, et forment deux coulisses pour empêcher le déversement des montans PQ.

Le système représenté, *fig.* 1 et 2, pour communiquer le mouvement à la tige du piston, se compose de deux bras de levier LM, en fer forgé ou coulé, dont l'un forme fourchette en M (*fig.* 1), pour recevoir l'extrémité de l'autre; le tout est uni par un boulon avec la chape MH (*fig.* 2), qui porte la tige du piston. Ces bras de leviers portent des allonges en bois assujetties ainsi qu'il est figuré, et aux extrémités desquelles on peut adapter des traverses également en bois, de manière à placer, si l'on veut, quatre hommes à chaque levier.

Les centres de rotation QQ de ces bras de levier sont établis sur des supports PQ, qui peuvent être aussi en bois; ils doivent pouvoir éprouver un léger mouvement de rotation au point P, vu que, dans celui des bras de levier LM, les extrémités M ne pouvant quitter la verticale, les points de support Q décrivent des petits arcs autour du centre P.

Ce genre de mouvement sera convenable pour les cas où la machine peut être destinée à servir de pompe à incendie; mais on emploiera préférablement, dans les autres circonstances, un mouvement de rotation qui admet l'usage d'un volant, et transforme en va-et-vient uniforme le mouvement uniforme de rotation; enfin, au moyen d'un système particulier pour la transmission des mouvemens, on peut adapter également à cette machine la force des hommes, des chevaux, du vent, ou d'un cours d'eau, et les moteurs peuvent être placés à volonté dans un plan supérieur ou inférieur à celui de la machine, et en être à une distance considérable si les localités l'exigent.

Toutes les pièces principales de cette machine sont en fer coulé; les seules qui soient sujettes à des frottemens, savoir, la tige du piston et l'intérieur du cylindre, sont revêtues en cuivre; les clapets et les pièces relatives à leur mouvement sont également exécutés en cuivre.

FIN.

Noria perfectionnée par feu M. Millon

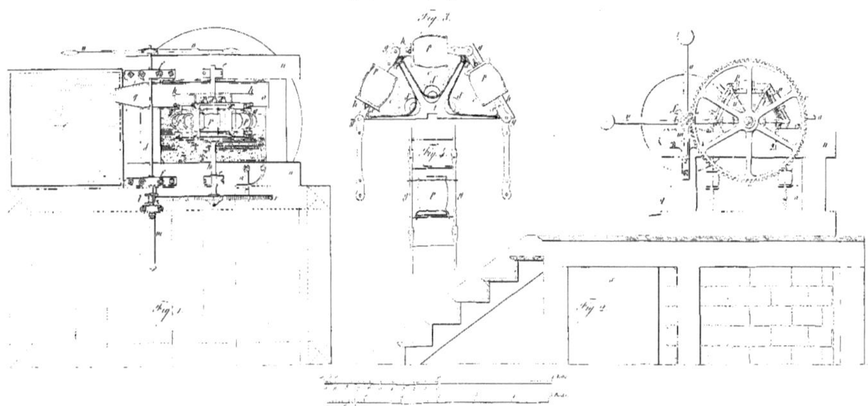

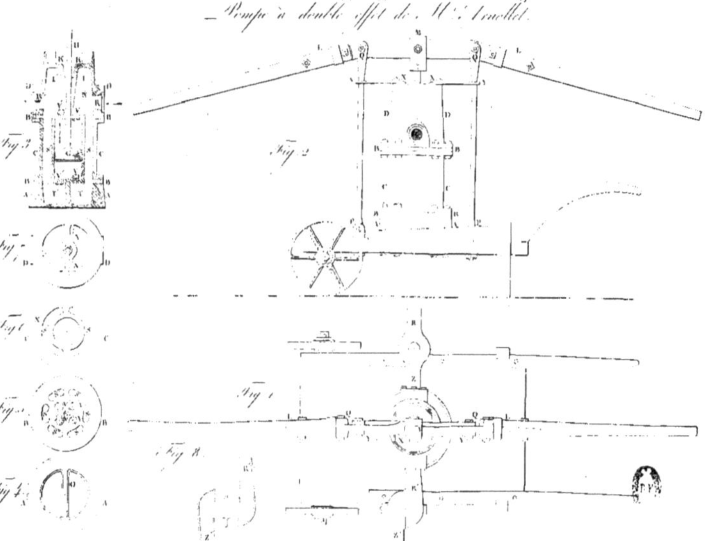

www.ingramcontent.com/pod-product-compliance
Lightning Source LLC
LaVergne TN
LVHW050436160826
845677LV00002BA/721

9782329672427